SUR GRIN VOS CONNAISSANCES SE FONT PAYER

- Nous publions vos devoirs
  et votre thèse de bachelor et master

- Votre propre eBook et livre –
  dans tous les magasins principaux du monde

- Gagnez sur chaque vente

Téléchargez maintentant sur www.GRIN.com
et publiez gratuitement

L'implantation d'une centrale thermique dans la province du Boulgou au Burkina Faso. Contribution de la géomatique à l'identification de sites

Jean-Baptiste KIBORA

Bibliographic information published by the German National Library:

The German National Library lists this publication in the National Bibliography; detailed bibliographic data are available on the Internet at http://dnb.dnb.de.

ISBN: 9783346614865
This book is also available as an ebook.

© GRIN Publishing GmbH
Nymphenburger Straße 86
80636 München

Print and binding: Books on Demand GmbH, Norderstedt, Germany
Printed on acid-free paper from responsible sources.

The present work has been carefully prepared. Nevertheless, authors and publishers do not incur liability for the correctness of information, notes, links and advice as well as any printing errors.

GRIN web shop: https://www.grin.com/document/1184260

Contribution de la géomatique à l'identification de sites d'implantation d'une centrale thermique dans la province du Boulgou au Burkina Faso

Kibora Jean-Baptiste | Expert SIG | Agence nationale de la promotion des TIC

Résumé

Au Burkina Faso, comme dans la plus part des pays africains, l'électrification rurale constitue un défi majeur pour les Etats. Dans l'objectif de pallier cet insuffisance, la présente étude a consisté à une identification de sites aptes à l'installation d'une centrale thermique dans la province du Boulgou. La démarche méthodologique comprend : les traitements numériques d'images (composition colorée, segmentation), le calcul des pentes, l'analyse spatiale et multicritère. L'intégration de ces outils a permis la cartographie et la localisation de quatre sites potentiels, propices à recevoir une centrale thermique. Ce résultat cartographique est une contribution méthodologique dans le but d'aider les responsables du secteur d'énergie dans leur prise de décision.

<u>Mots clés</u> : Burkina Faso, Géomatique, analyse multicritère, centrale thermique

Abstract

In Burkina Faso, as in most African countries, the rural electrification is a major challenge for the States. That is why, the present study has formed to a identification of sites suitable for the installation of a thermal power plant from the geographic information system and the multi-criteria analysis in the province of Boulgou to overcome this shortcoming. The methodological approach includes: the treatment of digital images (color composition, image segmentation), the calculation of slopes, spatial analysis and multicriteria. The integration of these tools has enabled the mapping and localization of four potential sites, conducive to receive a thermal power plant. This result map is a methodological contribution for the purpose of helping the officials of the energy sector in their decision-making.

<u>Key words</u>: Burkina Faso, geographic information system, multi-criteria analysis, thermal power plant

Introduction

Dans la plus part des pays africains en général et au Burkina Faso en particulier, l'accès aux services énergétiques modernes constitue un défi majeur à relever. L'électrification rurale est l'une des priorités pour le développement de ces régions, comme en témoignent les initiatives récentes de la CEDEAO pour l'accès aux services énergétiques des populations rurales et périurbaines d'Afrique de l'Ouest (CEDEAO, 2012) et (CEMAC, 2011).

C'est dans cette perspective que les Gouvernements du Burkina Faso, du Cameroun, du Mali et du Niger ont entrepris depuis la fin des années 90 la restructuration de leur secteur de l'électricité, et sont prêts à adopter de nouvelles approches de planification. Malgré ces nouvelles perspectives, le taux d'électrification reste faible, surtout en milieu rural. En décembre 2009, ce taux au Burkina Faso était de 25%, dont 70% en milieu urbain et 3% en milieu rural (Improves-Re, 2007) ; un taux qui n'a pas évolué par rapport à 2008. Les localités couvertes par la Société nationale d'électricité du Burkina (SONABEL) étaient au nombre de 104 en 2009, correspondant à un taux de couverture de 26%. Les infrastructures actuelles de production de cette société sont insuffisantes pour faire face à une demande qui évolue de plus de 8% en moyenne par an. Le déséquilibre entre l'offre et la demande est énorme et persistant, conduisant à des délestages particulièrement à Ouagadougou pendant les périodes de forte demande (de mars à mai et d'octobre à novembre) (DPIE, 2010). En effet cela s'explique non seulement par l'insuffisance de centrale thermique sur l'ensemble du pays mais aussi de la faible productivité d'énergie des centrales existantes compte tenu des conditions climatiques du pays. Dans le but d'améliorer cette situation il serait important de faire appel au Système d'information géographiques (SIG) et à l'analyse multicritères pour le choix des sites qui répondent aux normes d'implantation de centrale thermique un peu partout dans le pays.

En effet les systèmes d'information géographique (SIG) combinés à l'analyse multicritères, par leurs capacités de mémoriser, de manipuler et de produire de l'information spatiale sont considérés comme d'excellents outils d'analyse pour la planification et la gestion (LILI CHABAANE *et al.* 2002). Avec les SIG, les décideurs et les ingénieurs disposent d'une source puissante d'information de diverses natures leur permettant d'être mieux informés pour mieux gérer et décider (CALOZ *et al.* , 1995 et CRAUSAZ, 2000).

L'objectif de la présente étude vise d'une part à l'amélioration de l'accès des populations aux ressources énergétiques en milieu rural et d'autre part à la réduction des impacts environnementaux pouvant résulter de la phase d'installation et de l'exploitation de la centrale.

1. Présentation de la zone d'étude

D'une superficie de 2345 ha, la province du Boulgou est située au Centre-est du Burkina Faso entre 11° 09' 00" et 11°51'00" de latitudes nord et 0°06' 00"et 0°48'00" de longitudes ouest. Elle est limitée au sud par la République du Ghana, au sud-est par la province du Koulpélogo, celles de Gourma au nord-est, Ganzourgou et Kouritienga au nord, Zounwéogo au nord-ouest et Nahouri au sud-ouest (carte 1).

Carte1 : Situation géographique de la province du Boulgou

Cette image a été supprimée par les éditeurs pour des raisons de droits d'auteur.Source :

BNDT 2003

Le climat est de type soudano-sahélien caractérisé par une saison pluvieuse relativement courte de mai à septembre et une longue saison sèche d'octobre à avril. La pluviométrie varie entre 800 et 900 mm/an.

La végétation est de type soudanien comportant diverses formations. Au Sud, c'est la savane boisée en voie de dégradation avec tout de même quelques forêts galeries le long des principaux cours d'eau tels que le Nakambé et la Nouaho à dominance de *Borassus aethiopium*, de *Terminalia sp* et d'*Anogeissus Leiocarpus*. Le Nord-est c'est la savane arbustive caractérisée par une végétation mixte d'arbustes et de graminées, une savane arborée claire autour des zones d'habitation à dominance de *Parkia biglobosa, Butyrospermum Parkii Vitellaria paradoxa, Acacia Féderbia albida* et *Tamarindus indica* (MEF, 2000).

2. Matériel et méthodes

2.1. Données et matériels

La présente étude a nécessité l'utilisation de plusieurs types de données dont

- une image ASTER DEM (30 m de résolution) de la zone d'étude datant de 2000 obtenue sur le site www.gdem.ersdac.jspacesystems.or.jp/search.jsp,
- une image LANDSAT OLI (LC8.194.052.2013.13.3LGN01) de 30 m de résolution, téléchargée sur l'internet à l'adresse www.Glovis.usgs.gov,
- des fichiers de forme (limites administratives, routes, localités).
- des logiciels de traitements d'images d'analyses spatiales et multicritères comme Envi 4.7 et ArcGIS 9.3

2.2. Méthodes.

2.2.2. Définition et choix des critères pour la sélection des sites aptes.

L'analyse multicritère, comme son nom l'indique se fait selon un ensemble de critères prédéfinis. Un critère est un élément de base d'une sélection, il peut être mesuré et évalué. Il constitue une référence pertinente pour atteindre un objectif. Un ensemble de critères fournit un système de référence pour évaluer l'aptitude d'un lieu à satisfaire un ou plusieurs objectifs (CALOZ., 2001). Un critère peut être de deux types : un facteur ou une contrainte :

Les contraintes sont les bornes, intervalles imposés à la variable (indicateur). Elles ont pour effets de limiter les alternatives considérées.

Un facteur est un critère qui renforce ou réduit la pertinence d'une alternative particulière relativement à l'activité considérée. Il peut donc être exprimé sur une échelle de mesure. (CHABAANE., 2002).

Cependant, des études antérieures comme (BA, 2007), (NDEMANOU,2011), ont montrés que l'implantation d'une centrale engendre d'énormes impacts environnementaux (déforestation, bruit, pollution des eaux, érosion…). Selon les mêmes auteurs cités plus haut, un tel projet devrait nécessairement prendre en compte un certain nombre de critères avec des contraintes prédéfinies parmi lesquels nous avons :

- L'occupation des terres : Les principaux impacts sur l'occupation des terres ont pour origine la nécessité de disposer de surfaces pour l'implantation des ouvrages sur le site de la centrale. Ainsi pour éviter la déforestation, le déguerpissement des populations, seul les sols nus et les zone cultivées peuvent recevoir la centrale.
- Les retenues d'eau et rivières: les contaminants chimiques telques biocides et d'autres matériaux sont une source de pollution des eaux de surface modifiant sa qualité et entraine des répercussions sur les espèces aquatiques (IFC, 2008). Une zone de protection de 100 mètres autour des plans d'eau est à respecter (Walter et *al., 2015).*
- Bruit : il provient des générateurs à turbine, les équipements auxiliaires et perturbe les populations environnantes ; une distance de 400 mètres des habitations et 200 mètres de la route principale doit être respectée.
- La topographie du terrain : Il est techniquement difficile et couteux de construire une centrale sur un terrain absurde. Ce pendant le site doit être sur un terrain plat dont la pente varie entre 15 – 35 ° (compte tenu de la topographie de notre zone d'étude)
- La superficie : elle varie de 10 à 16 ha selon la capacité de la centrale. Toute superficie inférieur à cet intervalle doit être exclue.

Tableau 1 : Table de pondération des facteurs pour le choix du site

Facteur	Occ.terre		Dist.cours d'eau		Dist.habitation		Dist.route principale		Pente		Superficie		Résultat
Contraintes	Autre type	Solnu/cultivé	<100	>100	<400	>400	<200	>200	<15->35	>=15 - <= 35	>=10	<10	
Valeur pondérée	0		0		0		0		0		0		**Inapte**
		1		1		1		1		1		1	**Apte**

2.2.1. Acquisition et traitements des données

Après avoir importé les images LANDSAT, elles ont été affichées en composition colorée. La zone d'étude a été découpée et l'Indice de Végétation (NDVI) calculée. Le module de SEGMENTATION d'image de Envi 4.5 a été utilisé pour l'extraction de la couche végétation (valeur comprise entre 0,2 – 0,8 dans l'NDVI). La même méthode a permis d'extraire les plans d'eau à partir de l'image brute. Ces deux données ont été ensuite vectorisées et exportées en format Shape dans l'environnement de Arc GIS. L'image ASTER a aussi été importée et projetée dans le même système de référence (*UTM, WGS 1984, zone 30N*) que les autres.

Après considération de ces critères (facteurs et contraintes), les fonctions de voisinage, de superposition, de reclassification, de conversion et d'interrogation du module *ArcToolsbox* de ArcGIS 9.3 ont été utilisées pour les traitements. Ces opérateurs ont été organisés et exécutés l'un après l'autre dans une fenêtre de modélisation graphique (*modelbuilder*) afin de rendre cohérent l'ensemble du processus (figure 1).

Figure 1 : démarche méthodologique suivi pour la sélection des sites aptes à recevoir une centrale thermique.

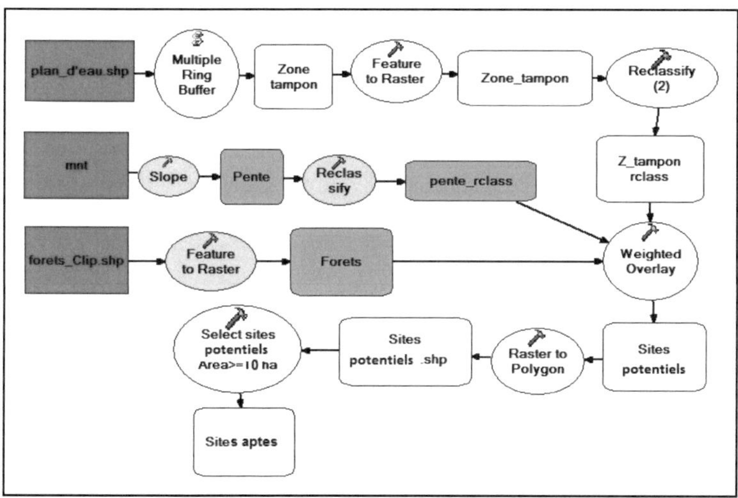

La requête spatiale ainsi formulée : *select from site_apte where « area>=10* a permis d'identifier les sites aptes à l'implantation de la centrale (figure 2).

Figure 2 : sélection par attribut des sites potentiels ayant une superficie >= 10 hectares

3. Résultats et discussions

3.1. Cartogrographies des facteurs retenus pour le choix des sites aptes

La carte 2 donne une vue globale des différents facteurs impliqués dans le choix des sites aptes à la réalisation du projet. On remarque une faible couverture forestière dans la zone d'étude : Avec une superficie totale de 65196 ha, les forêts occupent 4500,73ha soit un taux de couverture de 7 %. Quant aux plans d'eau, ils sont moins présents sur la zone. Cette situation peut être due à la prériode d'acquisition des images (en saison sèche, novembre 2013) ou des conditions climatiques du pays. Plus de la moitié (79,45 %) de la zone est située sur des pentes allant de 0 à 49 °.

Carte 2 : Cartes des facteurs contribuant au choix des sites aptes a l'installation d'une centrale

3.2. Cartographie des sites potentiels

La combinaison des trois contraintes que sont la pente (<= 17°), l'occupation du sol (foret) et les retenues d'eau (zone tampon de 300 mètres) a permis de produire la carte thématique des sites potentiels pour l'installation d'une centrale électrique (carte 3). Ces sites sont présents dans la partie sud de la zone d'étude. Nous distinguons également une plage au nord en allant vers Tenkodogo et Niarga. Ces sites sont cependant appropriés pour l'implantation d'une centrale sans tenir compte de la superficie occupée.

Carte 3: Sites potentiels à l'implantation d'une centrale thermique.

Cette image a été supprimée par les éditeurs pour des raisons de droits d'auteur.

3.3. Cartographie des sites aptes

La carte des sites aptes à l'implantation d'une centrale est obtenue a partir d'une requête spatiale basée sur les attributs de la couche des sites potentiels. Elle remplit les conditions requises (tableau 1) pour l'implantation d'une centrale dans la province du Boulgou.

Tableau 1 : Caractéristiques des sites aptes à l'implantation d'une Centrale thermique

N°	Superficie (ha)	Distance par rapport au plan d'eau le plus proche (mètres)	Occupation du sol	Pente (°)
Site 1	15	8000	Forêt claire	0 - 11
Site 2	13	700	Forêt claire	11 - 14
Site 3	12	9000	Forêt claire	6 - 11
Site 4	10	24000	Forêt claire	14 -16

Sur neuf cent vingt cinq (924) sites potentiels, seulement quatre (04) ont été retenus comme aptes et sont localisés du côté du Sud – Est et du Centre de la zone d'étude (carte n°4).

Carte 4 : Sites aptes à l'implantation d'une centrale thermique

Cette image a été supprimée par les éditeurs pour des raisons de droits d'auteur.

Ainsi, ces cartes permettront aux responsables d'optimiser le temps et les ressources financières pour installer des centrales qui n'auront que peu d'impact sur l'environnement et qui ont une longue durée de vie.

3.4. Validation de la carte des sites aptes

Une superposition des sites cartographiés avec l'image de Google Earth a été effectuée (Figure 3). Seules les contraintes d'occupation du sol et de la distance par rapport aux plans d'eau ont été vérifiées. Il ressort de cette superposition que tous les sites cartographiés sont boisés et sont à une distance supérieure ou égale à trois cent (300) mètres des plans d'eau sauf le site (s1), au sud de la zone d'étude, qui est un peu plus proche du cours d'eau. Cette étape importance a permis de comparer les résultats issus des analyses SIG et multicritères avec des images qui donne une idée exacte du terrain.

Cette image a été supprimée par les éditeurs pour des raisons de droits d'auteur.

Figure 3 : Superposition des sites aptes dans Google Earth

Le choix des sites aptes à l'implantation d'une centrale thermique dans la province du Boulgou s'est basé sur l'utilisation du SIG et de l'analyse multicritères. Il s'agit de la combinaison de plusieurs facteurs ou critères ayant des propriétés spatiales, géométriques et attributaires. Une pondération des facteurs a été nécessaire pour la réalisation de la carte des sites convenables. Cette méthodes d'analyse a été largement utilisées dans plusieurs études comme Banai, (1993); El morjani, (2002) ; Joerin, (1995) ; Bensaid *et al.,* (2007) ; Feizizadeh, (2012), Par conséquent, les résultats issus d'une telle analyse sont largement partagés par le monde scientifique mais compte tenu de son caractère participatif, (la pondération demandant la contribution des populations), le degré de fiabilité n'est pas toujours total.

Konan et al, (2013) font la même remarque dans leur étude sur l'apport du SIG et de l'évaluation multicritère dans la modélisation des sites propices à la riziculture dans le nord-ouest de la Côte d'Ivoire (Denguelé). Après le choix de leurs sites propices, une mission de reconnaissance a été effectuée. Ils ont remarqué que tous les sites cartographiés ne reflètent pas totalement la réalité du terrain ; certains sites se superposent à des zones en construction. Toute fois, certains sites identifiés sont effectivement mis en culture et cela représente un taux de 60, 71% de coïncidence. Par ailleurs, d'autres zones mises en culture ne coïncident pas avec les cartes d'aptitudes réalisées et cela représente un taux de 30,29%. Ils conclurent que cette superposition peut être liée à l'âge des données et aussi à la précision des techniques de traitement de ces données.

Pour *Lili et al., (2002)* la qualité de l'aide à la décision apportée par un tel système est étroitement liée à la qualité des données introduites dans la base de données.

Ouédraogo *et al., (2013)* ont utilisé, dans leur étude sur la localisation des zones d'accès à l'eau en saison sèche par analyse multicritère dans le bassin versant du Goudébo (région de Yakouta, Burkina Faso). Ils concluent que la méthodologie basée sur l'analyse multicritère, comme toute autre, comporte des limites, la détermination des classes d'accès à l'eau étant difficile. Mais elle offre l'intérêt de fournir, d'une part, des pistes en vue d'approfondir les investigations et, d'autre part, des résultats pour aider d'ores et déjà les décideurs à orienter les opérations de développement.

Conclusion

Comme l'ont prouvé les résultats de cette étude, le SIG, par sa capacité de modélisation et d'affichage de données à référence spatiale, aussi par ses possibilités d'intégration des méthodes AMC se présente comme l'outil le plus adéquat pour appréhender les problèmes de décision à référence spatiale. En effet dans la présente étude, quatre (04) sites propices à l'implantation d'une centrale thermique dans la province du Boulgou ont été sélectionnés, à partir de cette approche.

Malgré certaines lacunes rencontrées qui concernent essentiellement le support dans le choix des méthodes et des procédures, les potentialités d'intégration entre SIG et AMC, illustrées par le nombre croissant de travaux publiés depuis 1990, sont aujourd'hui de plus en plus explorées. Notons que le choix des critères dans cette étude était limité due à l'indisponibilité des données. Cependant cette étude fournit des résultats préliminaires qui orientent la décision, mais elle devra nécessairement être appuyée par une démarche basée sur la réalité du terrain.

Références bibliographiques

Ministère de la jeunesse, de l'environnement et de l'hygiène (2007) : Identification des besoins en transfert de technologie : Energies nouvelables et renouvelables, Projet SEN97/G31-Activités habilitantes pour les changements climatiques phase II, MJEH, Dakar-Sénégal, 58p.

BALZARINI R., DAVOINE P. A. ET NEY M., (2011) - Evolution et développement des méthodes d'analyse spatiale multicritère pour des modèles d'aptitude : l'exemple des applications en Géosciences, Laboratoire d'Informatique de Grenoble (LIG) équipes Steamer et Metah. ESRI France, Département Education et Recherche.

BANAI R. (1993): Fuzziness in Geographical Information Systems: contributions from the analytic hierarchy process†, *International Journal of Geographical Information Systems*, 315-329, http://dx.doi.org/10.1080/02693799308901964.

BENSAID A., BARKI M., TALBI O., BENHANIFIA K. ET MENDAS A. (2007) - L'analyse multicritère comme outil d'aide à la décision pour la localisation spatiale des zones à forte pression anthropique : le cas du département de Naâma en Algérie, *Revue Télédétection*, 2007, vol. 7, n° 1-2-3-4, pp 359-371.

CALOZ R. (2001)- Analyse spatiale. Support de cours à l'EPFL Lausanne. Suisse. 88p.

CEDEAO. (2012) : Politique sur l'Efficacité Energétique de la CEDEAO (PEEC), CEREEC, 72p.

CEMAC. (2011): Plan d'action pour la promotion de l'accès à l'énergie dans la région CEMAC,2p.

CRAUSAZ P. A. (2000) - *Du rôle intégrateur des systèmes d'information à référence spatiale dans la gestion Institutionnelle des eaux : analyse, méthode, limites et perspectives.* Thèse de Doctorat de l'Ecole Polytechnique Fédérale de Lausanne, 394 p.

Direction de la Prospective et de l'Intelligence Economique, (2010) - *Note sectorielle sur l'énergie au Burkina Faso.* DPIE Ouagadougou, 12 p.

EL MORJANI Z. (2002) - *Conception d'un système d'information à référence spatiale pour la gestion environnementale ; application à la sélection de sites potentiels de stockage de déchets ménagers et industriels en région semi-aride (Souss, Maroc).* Thèse de doctorat, université de Genève. Terre et Environnement Vol. 42, 300 p.

FEIZIZADEH B. AND BLASCHKE T., (2012) - Land suitability analysis for Tabriz County, Iran: a multi-criteria evaluation approach using GIS, *Journal of Environmental Planning and Management*, p1-23, http://dx.doi.org/10.1080/09640568.2011.646964.

GUINKO S. (1984) - *Végétation de Haute-Volta, thèse de Doctorat Sciences* -Université de Bordeau III – 2 vol, 394p.

Société Financière Internationale (2008) : Directives environnementales, sanitaires et sécuritaires des centrales thermiques, Groupe Banque mondiale, 44p.

IMPROVES-RE (2007) : *La Planification de l'Electrification Rurale en Afrique de l'Ouest, projet, Intelligent Energy Europe*, 19 p.

Institut National de la statistique et de la Démographie (INSD), (2006) : *Recensement général de la population et de l'habitation de 2006.* INSD Ouagadougou, 52p.

JOERIN F. (1995) - Méthode multicritère d'aide à la décision et SIG pour la recherche d'un site. *Revue Internationale de Géomatique*, 5, pp. 37–51.

Katrin Walter et Stephan Bosch, « Réseau intercontinental d'approvisionnement énergétique - scénario pour un tracé de la ligne de transport électrique de l'Afrique du Nord à l'Europe centrale », *Revue Géographique de l'Est* [En ligne], vol. 55 / 1-2 | 2015, mis en ligne le 09 juin 2015, consulté le 09 juillet 2015. URL : http://rge.revues.org/5447.

KONAN W.A. B., KONAN E.K., DIBI B., BAKAYOKOS., SAVANE I. ET LAZARG. (2013) - Apport d'un système d'information géographique et de l'évaluation multicritère dans la modélisation des sites propices à la riziculture dans le nord-ouest de la Côte d'Ivoire, (Denguelé) » *Revue de GooSp*, Tunisie. p18.

LILI Z. C., FRIAA I., RHOUMA A. et FERCHICHI M. (2002*) - Choix d'un site de décharge de déchets industriels : utilisation de SIG et de l'analyse Multicritère.* 2002, Tunis (EPCOWM'2002), pp.425-436.

Ministère de l'Economie et des Finances, (2000) : *Monographie de la province du Boulgou,* MEF, Burkina Faso, 112p.

OUÉDRAOGO L., OUÉDRAOGO B., KABORÉ O., YANOGO P. I., ZOUNGRANA T.P., BOUZOU MOUSSA I. (2013) - **Localisation des zones d'accès à l'eau en saison sèche par analyse multicritère dans le bassin versant du Goudébo (région de Yakouta, Burkina Faso),** *Revue de Physio-geo*, **pp49-66.**